ありがとう！

パンダ

激動のパン生 〜懸命に生きた28年間〜

神戸万知 文・写真
協力 神戸市立王子動物園

技術評論社

タンタンへ

2024年3月31日、あなたはわたしたちのもとから去っていってしまった。

もう春だというのに、とても寒い日だったね。

阪神・淡路大震災のあと、復興に取り組む神戸の人たちをはげますために、

あなたは中国からやって来た。

まんまる小さなからだに短めの手あし、

いつもほほ笑んでいるような口もとが、とってもかわいかった。

あなたが、おいしそうに竹を食べて、のんびりと眠るすがたを見て、

みんなあなたを大好きになった。

あなたは、ただいつもと同じように過ごしていただけかもしれない。

わたしたちは、あなたがごろごろのんびりしているすがたにいやされた。

つらいこと、悲しいことがあっても、あなたの顔を見たら元気になれた。

明日からまたがんばろう！　そう思えた。

あなたが日本に来てから、いろいろなできごとがあったね。

うれしいこと、悲しいこと、たくさんあった。

病気になり、治療をがんばっているあなたを見て、

1日も早く元気になるように、そしてまた会えるように、みんな祈っていたよ。

あなたが今ここにいないことが、とてもさびしい。

あなたは、神様がわたしたちに贈ってくれた天使だったのかもしれないね。

みんなに笑顔をくれて、去っていってしまった。

故郷である中国に帰ることはできなかったけれど、

あなたが日本に来て、神戸にいてくれた24年間、とても幸せだったよ。

今もあなたを思うと、心があたたかくなる。

元気をくれて、ありがとう。

日本に来てくれて、ありがとう。

あなたに会えて良かった。

忘れないよ。

これからも、ずっとずっと大好きだよ。

写真提供：神戸市立王子動物園

contents
もくじ

タンタンへ ………… 2

PART 1 タンタン物語（ものがたり） ………… 7

PART 2 タンタンの歩（あゆ）み ………… 47

　column　タンタンとひまわり ………… 60

PART 3 チーム タンタン ………… 61

　column　王子動物園（おうじどうぶつえん）の人気（にんき）もの ズゼ ………… 70

PART 4 **タンタンのかわいらしさのひみつ** ………… 71

column パンダのからだはやわらかい！ ………… 78

PART 5 **タンタンがいっぱい ～ここだけの写真集～** ………… 79

神戸市立王子動物園ってどんなところ？ ………… 94

＊この本では、ジャイアントパンダを「パンダ」と表記しています。

PART 1 タンタン物語

Tantan Story

神戸万知 文
by Machi Godo

阪神・淡路大震災
タンタンの誕生

　1995年1月17日の夜明け前、兵庫県を中心に大きな地震が起きました。建物は倒れ、高速道路は崩れ、あちこちが火事になり、6000人以上の命が犠牲になりました。

　変わりはてた町のすがたに、人びとはうちのめされ、深く悲しみました。それでも、夜が明けるごとに新しい1日はやってきます。人びとは未来を信じ、希望を持って、以前のように笑顔で暮らせる日々を取り戻すために、けんめいにがんばりました。

震災直後の神戸の町

同じく1995年の9月16日、
中国の「臥龍ジャイアントパンダ繁殖センター」で、
めすのパンダが生まれました。
　シュアンシュアン（爽爽）と名づけられたそのパンダは、
自然豊かな美しい環境のもとで、
飼育員さんの愛情をたっぷり受けて、すくすくと成長しました。
　このシュアンシュアンこそが、
のちに神戸にやってくる**タンタン**でした。

写真提供：神戸市立王子動物園

タンタンとコウコウ来日

　1999年8月、日中共同飼育繁殖研究という名目のもと、中国からパンダ2頭が神戸市立王子動物園にやってくることが決まりました。
　パンダ来日には、もうひとつ、大きな目的がありました。大震災で傷ついた人たち、とくに子どもたちの心をいやすことです。
　神戸にパンダがやってくる！
　パンダは今も昔も大人気です。
　復興に力を注ぐ神戸の人たちにとっても、心から喜べる、明るいニュースでした。

写真提供：神戸市立王子動物園

2000年7月16日、
ついに、2頭のパンダが来園しました。
名前は一般から公募し、めすは「タンタン(旦旦)」、
おすは「コウコウ(興興)」に決まりました。
旦旦は「新しい世紀の幕開け」、
興興は「震災復興の願い」という意味が
こめられています。

タンタン

初代コウコウ

写真提供：神戸市立王子動物園

神戸にパンダブーム！

　神戸にやってきたタンタンとコウコウは、熱狂的な歓迎をうけ、あっというまに人気者になりました。
　パンダが見たい！　と毎日たくさんの人が訪れ、長い観覧列を作ります。
動物園の来園者数は、前年度から倍増し、約200万人にもなりました。
「かわいいね！」だれもが口をそろえて、大感激します。
　みんなが、愛くるしいタンタンとコウコウから元気と笑顔をもらいました。

タンタンは、パンダの中でも小柄でした。
まるい体に短いあしがとりわけかわいらしく、
お客さんの心をぎゅっとつかみました。
みんな、ひとめでタンタンが大好きになりました。

キュートなタンタン

タンタンが来日したのは、5歳になる直前でした。
人間でいうと、だいたい15歳くらいです。
　遊びざかりで、タイヤにじゃれたり、木のぼりしたり、
活発に動きまわっていました。
　のんびりマイペースで、
すぐに神戸の生活にもなれました。
　タンタンは、目のまわりの黒いもようが、
花びらにも似ています。
口角がむにっとあがって、
いつもにっこり笑っているように見えます。
木の後ろからちょこっと顔をのぞかせ、
はにかむようなしぐさも、
かわいらしさを引き立てていました。

「神戸のおじょうさま」
　いつしか、タンタンはこう呼ばれるようになりました。
　リンゴやニンジンをゆっくりと食べる様子が、とても上品で愛らしく、良家のおじょうさまをほうふつとさせたのです。

初代コウコウが帰国、2代目コウコウが来園

2002年12月、初代のコウコウが繁殖に向いていないことがわかり、中国に帰国することになりました。

代わりに、2代目のコウコウが王子動物園にやってきました。

おだやかでやさしい2代目コウコウは、すぐに神戸の生活に慣れ、タンタンと同じように、みんなに愛されました。

2代目コウコウ

写真提供：神戸市立王子動物園

「赤ちゃんが生まれますように!」
　今度こそ、タンタンとコウコウのあいだに
赤ちゃんが生まれてくれることをだれもが願いました。

タンタンとコウコウの赤ちゃん死産

2007年、人工授精により、タンタンはコウコウとの赤ちゃんを妊娠しました。
みんなが赤ちゃんの誕生を待ち望みました。でも残念ながら、
赤ちゃんはお腹の中で亡くなってしまいました。
2008年、今回も人工授精により、タンタンは2度目の妊娠をしました。
今度こそは生まれますように、とだれもが祈りました。

とはいえ、パンダの妊娠はとてもわかりづらいのです。
赤ちゃんは、人間の手のひらにのるほどの大きさしかなく、
タンタンの見た目もまったく変わりません。
実際に出産するまでは、ほんとうに妊娠しているのか
(想像妊娠の可能性もあるため)、見た目ではわかりません。

　赤ちゃんは無事に生まれました。
タンタンは初めての出産と育児に戸惑いながらも、
献身的に赤ちゃんの面倒を見ました。
　飼育員さんたちも、タンタンと赤ちゃんを慎重に見守り、
支えました。

写真提供：神戸市立王子動物園

悲しいニュース

　ところが、赤ちゃんは生まれて4日目に亡くなってしまいました。
　パンダの赤ちゃんは、超未熟児として生まれ、
生まれた直後は毛も生えていません。生後1週間までは
いちばん危険な時期といわれ、元気だと思っていたのに突然亡くなることもあります。
　タンタンはとても愛情深く、いっしょうけんめいに赤ちゃんの面倒を見ていました。
一方で、普段ならチャームポイントであるちょこんとかわいい前あしは、
ちょっと短くて赤ちゃんをしっかり抱きかかえられません。
こぼれ落ちてしまうこともありました。
　ピンク色の赤ちゃんは、生後1か月を過ぎると白黒の毛が生えそろい、
すっかりパンダらしくなります。
　残念ながらタンタンの大切な赤ちゃんは、そこまで成長することは叶いませんでした。
それでも、わずか4日間であってもタンタンの愛情を一身に受けて
幸せだったのではないでしょうか。

次に赤ちゃんが生まれたら、すくすく育ちますように……。
けれども、そんな願いもむなしく、悲しい出来事が続きました。

2010年、おすのコウコウが、検査のために行った全身麻酔から目覚めず、
亡くなってしまいました。

亡くなった2代目コウコウ

写真提供：神戸市立王子動物園

タンタン1頭での生活がスタート

　コウコウが亡くなり、2010年からパンダ館で暮らすのは、タンタン1頭になりました。
　タンタンの運動場のとなりは、さびしげにがらんとしています。
　タンタンといえば、これまでと変わりなく、マイペースに竹を食べて、のんびり寝て、ときどき散歩をしたり遊んだりして過ごしていました。
　もともとパンダは単独で生きる動物です。コウコウがいなくなったことに気づいていたかもしれませんが、タンタンの生活はとくに変わりありません。

ただ、毎年、年に一度の発情期はやってきました。
　めすのパンダは発情期になると、食べる竹の量が減り、うろうろと落ち着かなくなります。タンタンも、発情期には、このような行動を見せました。
　発情期が終わると「偽妊娠」という、妊娠したような状態になり、「偽育児」と呼ばれる行動を見せます。ニンジンや竹を赤ちゃんの代わりにあやすように抱きかかえ、そのまま眠ります。
　これは、パンダの「偽妊娠期」に見られる行動で、王子動物園では「偽育児」と呼んでいます。
　ニンジンを抱いて眠るタンタンを見て、みんなはとても切なくなりました。

ニンジンを抱いているのかな……。

おすの来日を希望

タンタンにもう一度、赤ちゃんを抱っこさせてあげたい！
これはタンタンを愛するみんなの願いでした。
神戸市も王子動物園も、タンタンのパートナーとなる、
おすのパンダの来日を希望し続けました。
でも、なかなかうまく話は進みません。そうこうするうちに月日は流れ、
タンタンも年齢を重ねます。

おすのパンダの来日を信じながら、まずは受け入れる側のタンタンが
健康を保てるように、細やかに気づかいながら飼育員さんは世話をしました。
タンタンは竹の好みに、とてもこだわりがあります。そんなタンタンのために、
神戸市北区淡河町から選りすぐりのおいしい竹が週３回届きます。
たけのこやニンジンやリンゴのほかにも、タンタンの食事を豊かにするために、
飼育員さんはいろいろと試してみました。ブドウや柿などのくだものは、
タンタンもよろこんで食べてくれました。

タンタン 5年間の延長

2000年に来日したタンタン。
最初の貸与期間は10年でした。
10年目を迎えた2010年6月に
5年間の延長、さらに2015年7月に
5年間の再延長が決定しました。

タンタン1頭での飼育は
続いていきます。
1日も早く、おすのパンダを
迎えたいと、だれもが願っていました。

写真提供：神戸市立王子動物園

そんな人間の気持ちをタンタンは知っていたのか、いないのか……。
タンタンは変わらず、のんびりとマイペースに毎日を過ごしていました。
飼育員さんに大切に世話をされ、おいしい竹やリンゴをもらえて、
お気に入りの場所でごろごろ昼寝ができて、タンタンは幸せだったことでしょう。

写真提供：神戸市立王子動物園

コロナ禍で王子動物園が休園

　2020年、新型コロナウイルスが世界中にもういをふるいました。

　人びとは家に閉じこもり、お店も飲食店も休みとなりました。

　映画館や遊園地などの娯楽施設はもちろん、動物園や水族館も長い臨時休園に入りました。

　ふだんなら、たくさんの笑顔であふれるタンタンの運動場の前にも、お客さんはひとりもいません。

　（なんだか、いつもとちがって静かね。調子くるうわ。）

　なんて、タンタンも不思議に思ったのかもしれません。

写真提供：神戸市立王子動物園

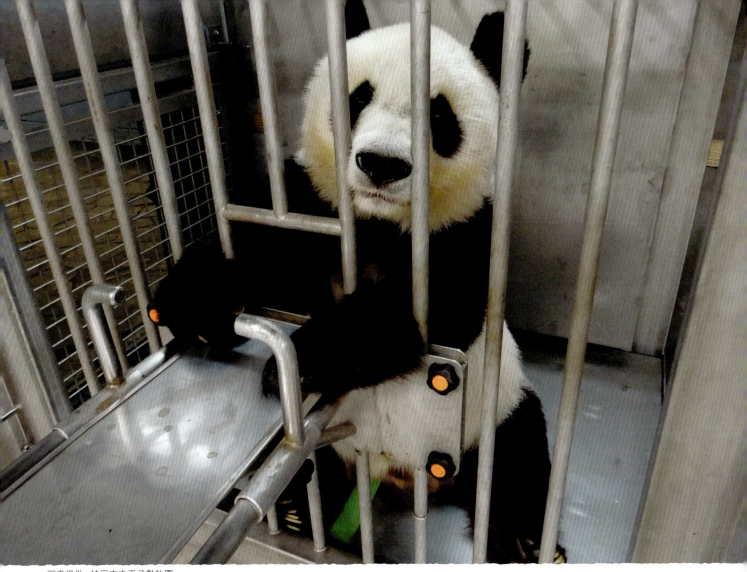

写真提供：神戸市立王子動物園

　動物園が再開するまで、タンタンは飼育員さんと
ゆるやかな日々をすごしました。
　健康管理のため、そして病気を早く発見できるように、
ハズバンダリートレーニング＊にもはげみました。
　そんな中、タンタンの貸与期間（2020年7月）の
終了が迫ってきました。
　きっと今回も延長されるだろう……。
だれもがそう考えていました。

＊ハズバンダリートレーニングとは、動物が
　健康でいるために、動物に健康診断の協力を
　してもらうことです。

タンタンの返還が決定

ところが、今回、「中国野生動物保護協会」との協定に基づき、返還されることになったのです。

タンタンは中国から、共同研究のためにやって来たパンダです。

いつかは、生まれ故郷に帰ってしまうのだろうと、みんな頭ではわかっていました。

けれども、あまりに突然の決定で、すぐに受け止めることができません。

写真提供：神戸市立王子動物園

神戸市も王子動物園も、さびしい気持ちをにじませながらも、これまでのタンタンの大きな功績に心から感謝しました。
とはいえ、コロナ禍で人間すらも外国にいけない状況です。タンタンの返還の具体的な日程は、まだ決まっていませんでした。

タンタンと神戸の人たち

　タンタンの中国への返還を知り、いちばん悲しんだのは神戸の人びとではないでしょうか。
　震災からの復興の最中に来日したタンタンは、復興のシンボルとして、ずっと神戸の人たちの心に寄り添い、励ましてくれたのです。
　もちろん、タンタンのファンは神戸の人びとだけではありません。
　2017年に上野動物園で生まれたシャンシャンをきっかけにパンダブームが起こり、タンタンもこれまで以上に注目されました。タンタンならではのかわいさに魅了され、今では、日本中に熱狂的なファンがたくさんいます。

　タンタンが、「神戸のおじょうさま」から
中国の「シュアンシュアン(爽爽)」に戻るのは、
さびしいかもしれません。けれど、それがタンタンの
幸せであるならば……笑顔で送りだしたいと思うのでした。

タンタンの心臓病が発覚

　2021年4月、タンタンに心臓疾患の疑いがあるという発表がありました。
　タンタンは毎日のようにハズバンダリートレーニングを行っています。
　愛くるしい童顔で若わかしいタンタンですが、25歳は人間でいうと「後期高齢者」にあたります。いち早くからだの変化を発見できるよう、定期的な検査は欠かせません。

2021年1月下旬、定期健診のときに、不整脈と心拍数の上昇が確認されました。
パンダは加齢にともない、心臓の疾患が見られることがあります。
上野動物園で暮らしていたリンリンも、慢性心疾患のため2008年に22歳で亡くなりました。

写真提供：神戸市立王子動物園

　コロナ禍で、中国返還の予定は立たないまま、タンタンの健康に不安をかかえることになりました。
　それでも、王子動物園ができることは、ただひとつ。これまでのように、**タンタン第一で、タンタンがおだやかに幸せに暮らせるように努める**だけです。

タンタン
心臓病の治療開始

　タンタンの治療がスタートしました。
　毎日心拍数を計り、ときには注射をして、薬も飲ませます。
　パンダは見た目はかわいくても、するどい爪と牙を持っています。
だからといって、いちいち検査や治療のたびに麻酔をかけるとなると、
タンタンのからだに大きな負担がかかります。
　でも、日頃からハズバンダリートレーニングを行っていたおかげで、
麻酔は必要ありませんでした。
　採血も血圧測定も触診も、タンタンはじょうずにできました。

写真提供：神戸市立王子動物園

飼育員さんも、タンタンのストレスにならないように、
できるだけタンタンの動きにそって
トレーニングができるように工夫を重ねました。
　ただ、困ったのが薬です。
タンタンはとてもグルメなため、
なかなか薬を飲んでくれません。
飼育員さんたちはいろいろと試行錯誤しながら、
タンタンに薬を飲んでもらえる方法を
探しました。

写真提供：神戸市立王子動物園

タンタンと
サトウキビジュース

　タンタンは、心臓の薬や利尿剤といった薬を与えられていました。
「良薬口に苦し」といいますが、タンタンの薬も苦くて、
そのままではぷいとそっぽを向いてしまいます。

　どうしたら、飲んでくれるでしょうか。

　まずは、リンゴやブドウに
仕込んでみました。
最初は飲んでくれますが、
何日かたつと気づかれてしまい、
口に入れてもすぐにぽろっと
吐きだしてしまいます。

写真提供：神戸市立王子動物園

　くだものをミキサーにかけ、砕いた薬をいれて凍らせたり、
以前よく食べていたパンダだんごを復活させて
薬をはさんでみたり……。
　タンタンに気づかれないようにだましだましの
工夫をしながら、投薬の方法を増やしていきました。
　そんなとき、飼育員さんはサトウキビジュースと
出会いました。サトウキビジュースに薬を混ぜると、
タンタンはおどろくほどごくごく
飲んでくれました。
　こうして、サトウキビジュースは、
タンタンの救世主として、
大活躍したのです。

写真提供：神戸市立王子動物園

チームタンタン

　タンタンの治療は、いつもタンタン第一で行われました。
　タンタンにストレスをかけず、無理強いもせず、ふだんの行動の延長で治療が行えるように、飼育員さんは心をくだきました。
　2022年3月からは、タンタンの観覧は中止になりました。
タンタンが自分でトレーニング室に入ったタイミングで、検査や治療をするためです。

写真提供：神戸市立王子動物園

写真提供：神戸市立王子動物園

白い幕がはられたタンタンの屋外運動場

　あるときから、タンタンの屋外運動場の
まわりには白い幕がはられました。
タンタンがのんびり自由に生活できる
ことを、いつも最優先にしていました。
　一方で、心配しているファンのために、
飼育員さんはSNSでタンタンの様子を
ちょこちょこ発信してくれました。
「#また明日ね」というハッシュタグが、
その日の締めくくりの定番になりました。
SNS越しでもタンタンに会える日々が
1日でも長く続くことを、
だれもが願ってやみませんでした。

眠り姫 タンタン

　タンタンの中国返還は2022年12月時点で、2023年12月末まで延長されました。
（その後、2024年12月末まで延長）
　一方で、タンタンの体調は、2023年秋からだんだんと下降していきました。
　食欲は減り、寝ている時間がぐっと長くなりました。
　検査と治療に専念するため、飼育員さんによるSNS投稿も減りました。
　タンタンの運動場では、ゆっくりと時間が流れていきます。

　相変わらず、タンタンはマイペースに日常を過ごしていました。
たまに屋外運動場に出たり、お気に入りの場所で眠ったり、
のんびりとタンタンらしい日常は以前とさほど変わりありません。
でも、最近では、食べる量が減った分、眠る時間が長くなってきていました。
まるで「眠り姫」のような、タンタンです。

写真提供：神戸市立王子動物園

タンタンとの別れ

　タンタンは2023年10月頃から、
食欲ががくんと落ちて、
固形物を食べなくなりました。
　2024年3月中旬ごろからは、
流動物も受け付けなくなりました。
大好きだったサトウキビジュースも、
飲まなくなっていました。
　飼育員さんや獣医さんたちは、
タンタンの快復を祈り、けんめいに治療を
続けました。
　もう少しだけ、一緒にいられる?
　でも、もう十分過ぎるほどがんばったよね。
　溢れてくるのは、タンタンへの
感謝の気持ちばかりです。

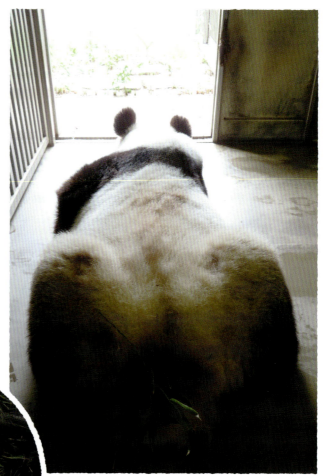

写真提供：神戸市立王子動物園

2024年3月31日の夜、タンタンは眠るように、静かに、息を引き取りました。
　5歳になる前にはるばる中国からやってきて、23年8か月という長い期間を過ごした神戸の地で、信頼する飼育員さんや獣医さんに見守られながら……。
　タンタンは虹の橋をわたり、天国の花畑へと旅立ちました。
　28歳6か月。人間でいうと100歳近くになります。
ほんとうに、あっぱれ見事なパン生でした。

写真提供：神戸市立王子動物園

桜とタンタン

　タンタンが亡くなった翌日の4月1日、タンタンの屋外運動場あたりの桜が咲き始めました。
　例年なら、もう満開をむかえてもいい時期ですが、この年の桜は開花が遅れていました。
　王子動物園は桜の名所として有名です。毎年、園内が桜ですっぽりとおおわれたようになります。
桜に囲まれたタンタンは、まるで桜の妖精のようでした。
目の周りの黒い模様も、桜の花びらに似ていると思いませんか。
　いつもより少し遅れた桜は、タンタンが、咲かせてくれたのでしょうか。
　タンタンを失って悲しむ人たちを慰めるために、待っていてくれたのかもしれません。
　この年は、桜の満開とともに、タンタンの屋内運動場も色とりどりの花で満開になりました。
日本中から、タンタンのために花が届いたのです。きっと、天国の花畑につながっていますね。
　桜の似合うタンタン。命日が桜の季節と重なるのは、
これからも思い出してねという、タンタンからのメッセージなのかもしれません。
　もちろん、みんないつもあなたを思い出しますよ。
　タンタン、日本にきてくれてありがとう。
　笑顔と幸せをたくさんくれて、ありがとう。
　がんばってくれてありがとう。
　これからも、みんなの心の中で、
タンタンはずっとほほえんでいます。

PART 2
タンタンの歩み

タンタンが神戸で過ごした日々

タンタン ヒストリー

タンタンと王子動物園の歴史

阪神・淡路大震災のあと、神戸の人たちを元気づけるために、中国からタンタンとコウコウが王子動物園にやってきました。
タンタンが王子動物園で暮らした24年間には、うれしいこと、悲しいこと、いろいろなことがありました。

1995
タンタンが誕生！

日本で阪神・淡路大震災が起きた年の9月16日、中国の「臥龍ジャイアントパンダ繁殖センター」で、めすのパンダ シュアンシュアン（爽爽）が誕生。

2000
中国からパンダ2頭来日！

7月に中国から2頭のパンダが来日。めすのシュアンシュアンの日本名はタンタン、おすのパンダはコウコウと名づけられました。

2002
初代コウコウが帰国、2代目コウコウが来日！

コウコウが、繁殖にむいていないことがわかり、中国に帰国。代わって、2代目コウコウが神戸にやって来ました。

2007
タンタン 赤ちゃんを死産

人工授精により、タンタンはコウコウの赤ちゃんを妊娠しましたが、残念ながら赤ちゃんはお腹の中で亡くなってしまいました。

2008
タンタンとコウコウの赤ちゃん死亡

人工授精により、タンタンは2度目の妊娠をし、今度は無事に誕生しました。しかし、赤ちゃんは4日目に亡くなってしまいました。

2010
2代目コウコウ死亡

おすのコウコウが、検査のために行った全身麻酔から目覚めず、亡くなってしまいました。

写真提供：神戸市立王子動物園

PART 2 タンタンの歩み

2010〜
タンタン1頭での飼育スタート

コウコウの死後、中国へ新たなおすのパンダが来るよう働きかけましたが、パートナーが決まらず、タンタン1頭での飼育に。

2020
タンタン中国へ返還決定

中国との取り決めである返還期限がやって来て、タンタンは生まれ故郷である中国に帰ることになりました。

2020
王子動物園休園

新型コロナ感染拡大により、王子動物園が臨時休園となりました。

2021
タンタンの心臓疾患が判明！

タンタンの定期健康検査で、心臓の病気が判明。日本と中国で専門家チームを立ち上げ、治療がスタートしました。

PART 2 タンタンの歩み

2022
タンタン治療のため公開中止に

治療をしながら、時間を制限してお客さんにタンタンを公開してきましたが、治療に専念するために公開中止となりました。

2023
タンタンが食事を口にしなくなる

グルメだったタンタンが、大好きだった竹やリンゴを食べなくなりました。口にするのは、サトウキビジュースのみになりました。

2024
ホッキョクグマのミユキ死亡

1月13日に、国内最高齢だったホッキョクグマのミユキが、33歳で亡くなりました。白く、つやのあるその美しい毛なみから"灘の貴婦人"と、よばれていました。

＊ミユキは、タンタン同様に、長い間多くの人に愛されてきました。そのため、今回タンタンヒストリーに加えました。

2024
3月31日タンタン死亡

多くの人がタンタンの快復を祈っていましたが、まだ肌寒い春の日、タンタンは眠るように亡くなりました。28歳でした。

写真提供：神戸市立王子動物園

タンタンのケア

健康管理はきっちりと！

タンタンが、ずっと健康でいられるように、病気のチェックや食事のサポートを、スタッフ一丸となって行ってきました。

1 ハズバンダリートレーニング！

タンタンはずっと訓練をしてきたので、麻酔をしなくても健康診断ができました。体温測定、歯のチェック、血圧や血液の検査などを、毎日15分ほど行っていました。タンタンのストレスにならないように、タンタンが疲れた時などは、そこで終わりにしていました。

2 毎日のチェックは重要！

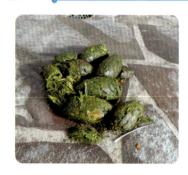

タンタンのうんちを、飼育員さんたちは毎日チェックしていました。うんちの色や形などを見て、体調の変化や、どれだけ竹を食べているかわかります。毎日チェックするからこそ、早いタイミングで病気に気づくこともできました。

トレーニング後にもらうリンゴの味は格別だね！

③ 薬は1日3回！

タンタンは心臓病になってからは、朝、昼、晩と1日3回薬入りのサトウキビジュースを飲んでいました。食欲がない時は、栄養剤なども加えて、飲んでいました。

④ ほめて伸ばす！

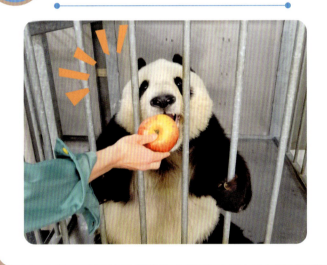

いつもスムーズに、ハズバンダリートレーニングを行えていたというタンタン。特によくできた時は、飼育員さんはタンタンをほめていました。ほめてあげるとタンタンにも通じるらしく、翌日のトレーニングもまたじょうずにできたそうです。

写真提供：神戸市立王子動物園

飼育員さん情報 タンタンのお気に入り♡

タンタンが心臓病になってから、薬を飲んでもらうのに苦労しました。最初はリンゴやブドウに穴をあけて薬を入れたものを飲ませていましたが、薬が入っていることに気づき、すぐに飲まなくなりました。凍らせたサトウキビに薬を入れたり、試行錯誤しながらようやく見つけたのがサトウキビジュースでした。サトウキビジュースはお気に入りで、最後まで飲んでくれましたよ。

飼育員の梅元さん

飼育員さんは見た！ タンタンのひ・み・つ

梅元さん

吉田さん

タンタンを一番よく知っているのは飼育員のお二人！

ということで、わたしたちの知らないタンタン情報を、飼育員の梅元さん、吉田さんにうかがいました。

Q1 タンタンにスムーズにハズバンダリートレーニングをやってもらううえで、苦労したことはなんでしょうか？

A1 タンタンは中国にいた時から訓練をしていたので、どのトレーニングもすぐに覚えて、スムーズに対応できました。

さすがおじょうさま！

写真提供：神戸市立王子動物園

Q2 病気の前と後で、タンタンの食事の変化はありましたか？

A2 心臓病を発症したころは、あまり変化は出ませんでしたが、1年、2年たつうちに、主食の竹や、大好きだったリンゴやブドウを食べなくなりました。それでも、大好きだったたけのこはうれしそうに食べていましたね。

Q3 タンタンのわかりやすい喜怒哀楽のポーズは？

A3 タンタンはきげんが悪いときは、動かなくなることもありました。怒ると「ガウッ」と声をあげてアピールすることもありましたよ。

写真提供：神戸市立王子動物園

写真提供：神戸市立王子動物園

Q4 毎年タンタンの誕生日に準備していたバースデーケーキのなかで、最もよくできたケーキはどれでしょうか？

A4 26歳の誕生日に、タンタンの大好きなもので作った"スペシャル ハンバーガーセット"ですね。タンタンも、とても気に入ってたいらげてくれました。

Q5 バースデーケーキはどれくらいの期間構想をねっていたのでしょう？

A5 誕生日が終わったあと、来年はなにを作ろうか？ 1年かけて、みんなで考えていましたよ。氷を使ったり、くだものを中に入れたり、ケーキもどんどん大きくなっていきました。

Q6 タンタンの情報を知らせてくれるために、毎日発信していたSNS。しめくくりにいつも書きこんでいた「タンタン また明日ね」というメッセージにこめた想いとは？

A6 コロナ禍で動物園も休園となり、動物園に来ることができなくなった方がたへ向け、タンタンの情報を発信して元気になってもらいたいと思い、SNSを始めました。最初はみなさんを元気づけるため、タンタンが病気になってからは、明日もまた今日と同じような日常が続くように、そんな願いをこめて毎回「また明日ね」というメッセージを上げていました。

Q7 タンタンを観覧していると、そこにいるみんなが笑顔になっていました。タンタンがみんなにあたえる影響を、近くで見ていて感じることはありましたか？

A7 お客さんたちが観覧している庭に、タンタンが出て行くすがたを、飼育室の小さな窓から見るのが好きでした。タンタンが出て行った瞬間に歓声が上がり、みんなが笑顔になっている。タンタンの存在の大きさを感じて、近くで見ているわたしたちも、とてもうれしくなりました。

PART 2 タンタンの歩み

タンタンの好きなもの

こだわり強め女子タンタンのお気に入りリスト♪

タンタンがグルメだったことは有名ですが、あまりにもこだわりが強すぎて飼育員さん泣かせの一面も。それも今はいい思い出です。

1 たけのこ大好き！

タンタンはたけのこが大好きでした。たけのこが食べられるのは初夏まで。タンタンが、秋もたけのこが食べられるよう、園内には「四方竹」という種類の竹が植えられていました。

2 竹の好みは気分で変わる！

タンタンは竹のにおいをかいで、気に入らないと口にしませんでした。また、時期によって竹の好みも変わるため、飼育員さんは様子を見て、タンタンにあたえる竹の種類を選んでいました。

3 リンゴも大好き！

タンタンは、リンゴやブドウなども大好きでした。ハズバンダリートレーニングも、ごほうびに大好きなリンゴをもらえるので、とてもがんばっていました。

4 タイヤはお気に入りのベッド

タンタンといえば、タイヤに乗っている場面を思い出す方も多いと思います。タンタンはからだが小さかったため、タイヤの中に座るのが心地よかったのかもしれませんね。

5 "やぐらの上でのんびり"がタンタン流！

天気のいい日には、タンタンはよく庭のやぐらの上で過ごしていました。桜の咲く時期、気持ちよさそうにやぐらの上で、竹をおいしそうに食べていました。

飼育員さん情報　タンタンの苦手な食べ物は？

栄養素も高く、多くのパンダが大好きな"ハチミツ"。
じつはタンタンは、この"ハチミツ"が苦手。
においをかいだだけで、なめようともしませんでした。
食べ物にこだわりの強いタンタンらしい
エピソードです。

飼育員の梅元さん

PART 2 タンタンの歩み

タンタン ライフ

マイペースがタンタン流！

のんびり、まったり。タンタンのまわりでは、いつもゆっくりと時間が流れていました。
そんなタンタンを見て、多くの人たちはにっこり笑顔になりました。

1 昼寝の場所は気分で変わる！

涼しい時期はお外でごろごろ、お腹がいっぱいになったときは、室内のタイヤの上でごろごろ、そのときの気分によって、タンタンは休む場所を変えていました。

2 うったえたいことがあるときは？

写真提供：神戸市立王子動物園

おなかがへっているとき、ほしいものがあるとき、何かをうったえるようにいつも飼育員さんを見つめていました。これを飼育員さんたちのあいだでは"あつタン"と、よんでいました。

3 おはだのケアは女子のたしなみ！

写真提供：神戸市立王子動物園

タンタンは、歩くときに手のこうをするようで、毛の一部がうすくなっていました。そのため、飼育員さんに毎日クリームをぬってもらっていました。飼育員さんの気遣いとやさしさを感じるエピソードですね。

④ つややかな毛なみは美女のあかし！

写真提供：神戸市立王子動物園

つややかな毛なみがごじまんのタンタン。じつは時おり飼育員さんに、ブラッシングをしてもらっていました。
自分でブラッシングして欲しいところを、飼育員さんに向けていたようです。
あの毛なみは努力あってのものだったのですね。

⑤ 時間には正確！

タンタンは、いつも決まった時間にえさを食べています。そのせいか？たとえ寝ていたとしても、目を開けて、いつも食べている場所に戻ります。まるで、時計を見ているかのように、正確な時間に食べるようです。意外ときちょうめんかも？

PART 2 タンタンの歩み

飼育員さん情報　じつは雨が苦手？

タンタンは、じつは雨がとても苦手でした。
ぬれても平気なパンダも多くいますが、タンタンは、いつも雨が降ると走って室内へもどって来ていました。
雨をながめながら、通路でごろごろしていることもありました。
からだがよごれるのがいやだったのか、ただたんに雨が苦手だったのかは、なぞです。

飼育員の吉田さん

タンタンとひまわり

　2023年の夏、タンタンが暮らしていたパンダ館の屋上に、美しいひまわりが満開をむかえました。

　このひまわりは、飼育員さんたちが、協力して植えたものです。肥料に、タンタンのうんちも使用されています。

　タンタンが治療中のあいだ、パンダ館は白い布でおおわれ、わたしたちはタンタンに会うことはできませんでした。ただ、タンタンがいる庭とお客さんが歩く通路から、このひまわりを見ることができました。タンタンと会うことはできないけれど、わたしたちはタンタンと同じひまわりを目にしていたのかもしれません。

　これからもわたしたちは、ひまわりを見るたびに、タンタンを思い出すことでしょう。

写真提供：神戸市立王子動物園

ひまわりに見つめられているみたいだね、タンタン♪

PART 3
チーム タンタン

タンタンの強い味方(つよ み かた)たち

写真提供：神戸市立王子動物園

"チーム タンタン"とは？

タンタンは"神戸のおじょうさま"とよばれ、親しまれてきましたが、
その名のとおり、タンタンの世話をしてくれるスタッフがたくさんいました。
とくに、タンタンに心臓の病気がみつかってから、飼育員さんをはじめ、
王子動物園の獣医師さん、中国から手配された専門家などで"チーム タンタン"を
立ち上げ、タンタンの病状が1日も早く良くなるように、
チーム一丸となって治療に専念してきました。
タンタンのストレスにならないよう、タンタンの生活のリズムにあわせて毎日治療を行いました。
タンタンも、みんなの期待にこたえるように、治療をがんばってくれました。

みんなの願いはひとつ、タンタンが元気になること！

治療の一番の楽しみは、
飼育員さんからもらう
サトウキビジュース♪

PART 3 チーム タンタン

治療の合間に、タンタンが外でゆっくりできるよう、
飼育員の吉田さんが庭のやぐらを
いつもきれいにしてくれていました。

　タンタンの毎日の生活は、多くの人たちに支えられてきました。
タンタンの食べる竹を用意する人たち、タンタンを見に来る人たちが
気持ち良く観覧できるように案内してくれたスタッフなど、たくさんの人たちが、
タンタンの毎日に関わってきました。
　次ページからは、陰ながらタンタンのためにがんばってきたスタッフを紹介しましょう!

写真提供:神戸市立王子動物園

Team Tantan

梅元良次さん
飼育歴17年

タンタンを最も長く飼育してきた梅元さん。
タンタンが治療に専念していた期間も、
SNSなどで、タンタンの様子を発信し、
つねにタンタンとファンの距離を近づけてくれていました。

Team Tantan

吉田憲一さん
飼育歴 16 年

梅元さんが母なら、吉田さんはタンタンの父的存在。
タンタンへの誕生日ケーキは吉田さんのお手製。
作るたびに腕が上がり、どんどん豪華なケーキが
できあがっていきました。

写真提供：神戸市立王子動物園

Team Tantan

獣医師の先生たち

タンタンが元気になるために、王子動物園の獣医師さんや、
中国から来た専門家が最後までがんばってくれました。
タンタンが治療をがんばれたのも、
先生方の支えがあったからです。

PART 3 チームタンタン

Team Tantan

神戸市淡河町自治協議会
"笹部会"のみなさん

グルメなことで知られるタンタン。
竹はパンダにとってとても大事な主食です。
タンタンの好みの味をはあくし、鮮度の良い竹を
淡河町から20年以上運び続けてくれました。

写真提供：神戸市立王子動物園

"チームタンタン" 思い出写真館

これまで紹介した方がた以外にも、タンタンを温かくサポートしてくださった王子動物園の加古園長や、みんながタンタンをスムーズに観覧できるように、つねにやさしく、楽しくサポートしてくれた動物園スタッフなど、たくさんの人たちがタンタンに関わってきました。
みんな「タンタンが大好き」という気持ちはいっしょです。

Happy Birthday!

タンタン 20歳
好物のリンゴがのった
かわいいケーキ♪

タンタン 26歳
タンタンの好物を
集めました♪

タンタン 24歳
ブドウで描いた
タンタンの顔が!

タンタン 25歳
ごうかな氷の城が登場!

"チーム タンタン"だから撮れた、舞台裏でのタンタンの貴重な写真を集めました。

ズン

ズーン

どんなときも
マイペース！

PART 3 チーム タンタン

写真提供：神戸市立王子動物園

column コラム

王子動物園の人気もの ズゼ

　タンタンは、阪神・淡路大震災の復興のシンボルとして中国からやって来ましたが、じつはめすのアジアゾウのズゼも、ラトビアのリガ市から震災のあと王子動物園にやって来ました。ズゼは1990年生まれで、タンタンより5歳年上です。

　阪神・淡路大震災のあと、震災で傷ついた子どもたちのために、神戸市と姉妹都市であるリガ市が、大切なズゼを譲渡してくれたのです。

　ズゼは、王子動物園のおすのアジアゾウ マックのお嫁さんとしてむかえ入れられ、3頭の子どもを産みました。タンタンとならび、長いあいだ神戸の人たちに愛されています。

写真提供：神戸市立王子動物園

王子動物園のアイドル アジアゾウのズゼ

PART 4
タンタンのかわいらしさのひみつ

—— パーツごとにまるわかり ——

かお
face

"美パンダ""神戸のおじょうさま"と
よばれ、愛されたタンタン。
タンタンのかわいらしさのひみつを
探ってみましょう！

みみ
耳

ハートを回転させたような耳は、
飼育員さんの声を聞きわけたり、
聞きなれない音に反応したり、
とてもびんかんでした。

め
目

目をかこむ黒い部分、
アイパッチは桜の花びらの
ような形をしていました。

鼻
いちごのような形の鼻は、おいしい竹や、好物のリンゴをかぎわけました。

口
口もとが上がっていて、いつもほほ笑んでいるように見えました。

ほっぺ
もふもふ、やわらかそうなほっぺは、タンタンのキュートなチャームポイントです。

PART 4 タンタンのかわいらしさのひみつ

ボディ
body

まんまるボディに、ちょこんと手あしが
タンタンの特ちょう。
まるで"ぬいぐるみ"のようでした。

からだ
まるくてコロンとしたボディは、
遠くから見ると、おいしそうな
"おにぎり"に見えました。

あし
ひかえめな、
ちょこんとしたあしは、
座っているときも、走るときも、
とっても愛らしかったです。

おしり

フワッフワの、
まるいタンタンのおしり。
たまに葉っぱやどろが
ついているときもありました。

おなか

つい「顔をうずめてみたい！」と
思ってしまう、やわらかそうな
タンタンのお腹。ツヤツヤきれいな
毛なみが特ちょうでした。

PART 4 タンタンのかわいらしさのひみつ

せいかく
personality

いつもマイペースに見える
タンタンですが、
うれしそうだったり、おこっていたり、
いろいろな表情を見せてくれました。

けっこう
おてんば

飼育員さんが作ってくれた
氷のバースデーケーキを、
楽しそうにごうかいに
こわしながら食べていました。

とっても
グルメ

竹を食べるときは、
においをかいでから。
気に入らなければ口にしません。
飼育員さん泣かせの
一面もありました。

ちょっぴり
はずかしがりや
お客さんがたくさんいると、
後ろ向きで竹を
食べることもありました。

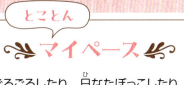

とことん
マイペース
ごろごろしたり、日なたぼっこしたり、
好きな場所でゆっくり、
のんびり過ごしていました。

いがいと
がんこ
飼育員さんがよんでも
気に入らないときは、戻ってきません。
耳は声のほうに向いているんですけどね。

パンダのからだはやわらかい！

　タンタンが室内のやぐらの上で、まるでバレリーナのように開脚したまま、のんびり眠るすがたをよく目にしました。

　ファンにはおなじみのポーズです。からだが痛くならないのかな？　と、見ているこちらは思っていましたが、タンタンはとても気持ちよさそうに眠っていました。

　じつはタンタンに限らず、パンダはとてもからだのやわらかい動物です。

　あしを使って頭をかいたり、坂道やすべり台を転がりながら降りて行ったり、人間では難しい動きも平気でこなします。

　また、運動神経もひじょうに良く、木登りも得意で、高いところへすいすい登っていきます。タンタンも王子動物園に来たころは、楽しそうに木登りをしていました。

　木登りが得意なパンダですが、じつは降りるのは苦手。高いところに登りすぎて降りられなくなったり、どすんと音を立てて地面に落ちてしまったりする様子をよく見ます。パンダらしい、思わず笑ってしまうエピソードです。

爪の先までビシッと伸びたおみあし！

からだが痛くないのかな？

PART 5
タンタンがいっぱい ～ここだけの写真集（しゃしんしゅう）～

タンタンの思い出（おも で）をギュッと

パクパク タンタン

tantan

🍴
グルメなことで有名だったタンタン。好ききらいも多くて、いつも飼育員さんを困らせていました。

クンクン…

ときには ごうかいに！

お気に入りの場所で

PART 5 タンタンがいっぱい 〜ここだけの写真集〜

大好きなたけのこ❤

ぱくり！

スヤスヤ タンタン

tantan

ときにはタイヤの上で、
ときにはやぐらの上で、
お気に入りの場所でスヤスヤ。

お気に入りの場所でひと休み

Zzz
スヤスヤ

PART 5 タンタンがいっぱい 〜ここだけの写真集〜

ゴローンと

Zzz

スヤスヤ

トコトコ タンタン

ちょっと短めのあしで、いっしょうけんめい歩きまわるタンタン。何か探していたのかな？

ひょっコリ

トコトコ

まったり タンタン

タンタンのまわりは、いつも、やさしく、ゆっくりと、時間が流れていました。

タンタン おとくいのポーズで

パカーン

ヨガタン

まったりちゅう… まったりちゅう… まったりちゅう… まったりちゅう… まったりちゅう… まったりちゅう… まったりちゅう… まったりちゅう… まったりちゅう… まったりちゅう… まったりちゅう…

PART 5 タンタンがいっぱい 〜ここだけの写真集〜

おもしろタンタン

tantan

じつはおてんばで、
ちょっぴり気の強い一面も。
わたしたちをいつも
楽しませてくれました。

ひょっこり

あっタン！

おにぎり

かわいい タンタン

食べているときも、
夢中で遊んでいるときも、
タンタンはとっても愛らしかったね。

モナリザのほほえみ

おにわタンタン

PART 5 タンタンがいっぱい 〜ここだけの写真集〜

かわいいタンタン ②

タンタンのかわいい笑顔
ずっと忘れないよ。大好き！

うっとりタン

クンクン

ペロンと

PART 5 タンタンがいっぱい 〜ここだけの写真集〜

神戸市立王子動物園ってどんなところ？

タンタンが24年間暮らしていた神戸市立王子動物園は、緑あふれる神戸市灘区の動物園です。約120種700点の動物たちに加え、「動物科学資料館」や異人館「旧ハンター住宅」も人気があります。

https://www.kobe-ojizoo.jp/
兵庫県神戸市灘区王子町 3-1

王子動物園の正面ゲート。いたるところに、パンダのイラストが描かれています。

タンタンが24年間暮らしていたパンダ舎の庭。
タンタンはここで散歩をしたり、眠ったり、
いつも気持ち良さそうに過ごしていました。

コアラやホッキョクグマなど、
多くの動物たちに
出会えます。

毎年桜が咲く時期は、
園内の夜桜をライトアップして
無料で公開しています。

ライトアップされた旧ハンター住宅

写真提供：神戸市立王子動物園

本書の最新情報は、下のQRコードから
書籍サイトにアクセスの上、ご確認ください。

本書へのご意見、ご感想は、技術評論社ホームページ
(https://gihyo.jp/book) または以下の宛先へ、書面
にてお受けしております。
電話でのお問い合わせにはお答えいたしかねますので、
あらかじめご了承ください。

〒162-0846　東京都新宿区市谷左内町 21-13
株式会社技術評論社　書籍編集部
『ありがとう! パンダ タンタン 激動のパン生
　〜懸命に生きた 28 年間〜』係
FAX：03-3267-2271

協　　力	神戸市立王子動物園
写真協力	神戸市立王子動物園、神戸万知、PIXTA
イラスト	知名杏菜（ニシ工芸株式会社）
編　　集	池田真由子（ニシ工芸株式会社）
文	神戸万知（タンタン物語）、池田真由子
デザイン	岩間佐和子
企画・進行	池田真由子（ニシ工芸株式会社）
	成田恭実（株式会社技術評論社）

ありがとう! パンダ タンタン
激動のパン生 〜懸命に生きた 28 年間〜

2024 年 10 月 5 日　初版　第 1 刷発行
2024 年 10 月 24 日　初版　第 2 刷発行

文	神戸万知（タンタン物語）
協　力	神戸市立王子動物園
発行者	片岡　巌
発行所	株式会社技術評論社
	東京都新宿区市谷左内町 21-13
	電話 03-3513-6150　販売促進部
	03-3267-2270　書籍編集部
印刷／製本	株式会社シナノ

定価はカバーに表示してあります。
本書の一部または全部を著作権法の定める範囲を超え、無断で複写、
複製、転載、テープ化、ファイルに落とすことを禁じます。

©2024　神戸万知、ニシ工芸株式会社

造本には細心の注意を払っておりますが、万一、乱丁（ページの乱
れ）や落丁（ページの抜け）がございましたら、小社販売促進部ま
でお送りください。送料小社負担にてお取り替えいたします。
978-4-297-14375-6 C0045
Printed in Japan